Manuel Kick

Elektromagnetische Verträglichkeit und Störung

Schwerpunkt Funktechnik

GRIN Verlag

Bibliografische Information der Deutschen Nationalbibliothek:

Die Deutsche Bibliothek verzeichnet diese Publikation in der Deutschen National-
bibliografie; detaillierte bibliografische Daten sind im Internet über http://dnb.d-
nb.de/ abrufbar.

Impressum:

Copyright © 2012 GRIN Verlag, Open Publishing GmbH
Druck und Bindung: Books on Demand GmbH, Norderstedt Germany
ISBN: 978-3-656-22733-5

Dieses Buch bei GRIN:

http://www.grin.com/de/e-book/195433/elektromagnetische-vertraeglichkeit-und-
stoerung

Seminararbeit

aus dem Fach

Physik

Elektromagnetische Verträglichkeit und Störung

Verfasser:　　Manuel Kick

W-Seminar:　　Funktechnik

Abgabetermin:　8.11.2011

Erzielte Punkte: _________________　in Worten: _______________________________
(einfache Wertung)

Ergebnis　　　　　　　　　　　　　　　　　　　　　　　　　　　　der
Präsentation: _________________　in Worten: _______________________________

Unterschrift des Seminarleiters: ____

Inhaltsverzeichnis

1. Schattenseiten der Funktechnik

Funktechnologie ist in unserem Leben allgegenwärtig. Das Leben erfährt eine große Bereicherung durch ihre Anwendungsformen wie Funkdienste, Funknetze oder Rundfunk. Fast niemand denkt beim Telefonieren oder Radio hören daran, ob die elektromagnetischen Wellen, die die Signale übertragen, nicht vielleicht auch andere Auswirkungen haben. Wenn man die Warnschilder für Träger von Herzschrittmachern sieht oder hört, dass die Antennen von Radio Vatikan beschuldigt werden Krebs zu verursachen, dann lässt sich erahnen, dass Sendeanlagen vielleicht auch ihre Schattenseiten haben.

Doch von welcher Art und welchem Ausmaß sind die Probleme, die verursacht werden können wirklich? Wie lassen sie sich vermeiden und wie sieht die Gesetzeslage dazu aus? Weil es zu solch wichtigen Fragen oft Unklarheiten, Verharmlosungen oder wilde Spekulationen gibt, möchte diese Arbeit sie, für den Bereich der Funktechnik, wissenschaftlich und praktisch nützlich beantworten.

Diese Facharbeit behandelt die **elektromagnetische Verträglichkeit** (EMV) von technischen Geräten. Dabei werden die Ursachen, betroffene Geräte, Probleme und Maßnahmen behandelt. Auch wird auf die elektromagnetischen Auswirkungen auf den Mensch (**elektromagnetischen Umweltverträglichkeit**) eingegangen. Dabei wird der Schwerpunkt auf die Funktechnik und deren elektromagnetischen Felder gelegt.

Für diese Arbeit mussten viele unterschiedliche Quellen herangezogen werden, denn wissenschaftliche Information existiert zum Teil nur verstreut. Die Quellen wurden analysiert und das Wesentliche anschaulich, mit praktisch Nützlichem erweitert, dargestellt. Um die Basis für das Vermitteln der Inhalte zu gewährleisten, wird mit einer Einführung in die Grundlagen des Themas begonnen.

2. Funktechnik

2.1 Anwendungsgebiete und Funktionsweise

Der Rundfunk, wie er sich im 20 Jahrhundert entwickelte, war ein sehr wichtiger Schritt in Richtung modernes Informationszeitalter, denn die kabellose Informationsvermittlung ist neben der elektronischen Informationsverarbeitung Grundlage für viele unsere modernen Technologien.

Die Gesamtheit aller technischer Verfahren, die die Übertragung von Signalen mithilfe von elektromagnetischen Wellen durchführen, wird **Funktechnik** genannt.

Bei dieser Methode, die der Signalübermittlung dient, werden elektromagnetische Wellen von der Antenne eines Senders ausgestrahlt und von der eines Empfängers aufgenommen (vgl. Bibliographisches Institut AG, 1981, S. 302).

Die Funktechnik ist ein Teilgebiet der Nachrichtentechnik und der Hochfrequenztechnik. Das besondere an der Funktechnik ist, dass sie den freien Raum als Ausbreitungsmedium nutzt. Kabellose Kommunikation ist außer mit Funk nur mit Licht oder Schall möglich.

Im Folgenden wird nun kurz ein einfaches Beispiel für eine Informationsübertragung gegeben. Die Antenne, die als Schnittstelle zwischen Sender bzw. Empfänger und dem freien Raum vermittelt, ist nichts anderes als ein offener Schwingkreis. Schwingkreis nennt man eine Kombination von Spule und Kondensator. Biegt man diesen auseinander, so dass die Kondensatorplatten die Enden bilden, ergibt sich eine einfache Antenne (vgl. Schnabel, 2011). Diese kann nun ein Signal in Form einer elektromagnetischen Welle in den freien Raum übertragen. Diese Wellen sind sowohl die Grundlage der Funktion und der Erzeugung von Problemen. Um dem Trägersignal eine Information (Nutzsignal) mitzugeben wird es verändert. Man spricht von Modulation. Modulationsarten sind zum Beispiel die Frequenz- oder die Amplitudenmodulation. Die modulierte elektromagnetische Welle kann von einer anderen Antenne in deren Stormleitung übertragen werden. Dort kann mit einem Demodulator die Information aus dem Signal geholt und dann z.B. als Ton wiedergegeben werden.

Es gibt viele unterschiedliche Anwendungsbereiche der Funktechnik wie zum Beispiel Industrie, Behörden und Sicherheitsdienste (BOS), Experimentalfunk (Amateurfunk), Computer, Multimedia, Telekommunikation, Rundfunk, Fernsehen und Militär.

Dort werden unterschiedliche Techniken genutzt, wie z.B. Wireless Local Area Network (WLAN), Bluetooth, Universal Mobile Telecommunications System (UMTS), Global System for Mobile Communications (GSM), Worldwide Interoperability for Microwave Access (WiMAX) oder Digital Video Broadcasting (DVB).

Um den unterschiedlichen Ansprüchen gerecht zu werden, existieren in der Praxis verschiedenste Sendeanlagen, Empfänger, Repeater (Signalwiederholer), Antennen und andere Bauelemente Diese besitzen wiederum verschiedenen Modulationsarten, Frequenzbereiche, Übertragungsraten, Sendeleistungen, Reichweiten, Verschlüsselungen, rechtlichen Grundlagen und Bauformen. Dementsprechend gibt es auch unterschiedliche Probleme, Störaussendungen, Störfestigkeiten und Entstörmaßnahmen in den verschiedensten Anwendungsgebieten.

2.2 Elektromagnetische Felder in der Funktechnik

Ein elektrisches Feld entsteht sobald an einem Gerät Spannung anliegt, ein magnetisches Feld sobald Strom fließt. Diese in ihren Eigenschaften verschiedenen Felder sind die Hauptverursacher von Störungen.

Die entscheidende Größe ist die Feldstärke, die in Volt pro Meter (elektrisches Feld) oder Tesla (magnetisches Feld) angegeben wird.

In der Funktechnik treten die Felder, wegen der hohen Frequenz nur zusammen auf.

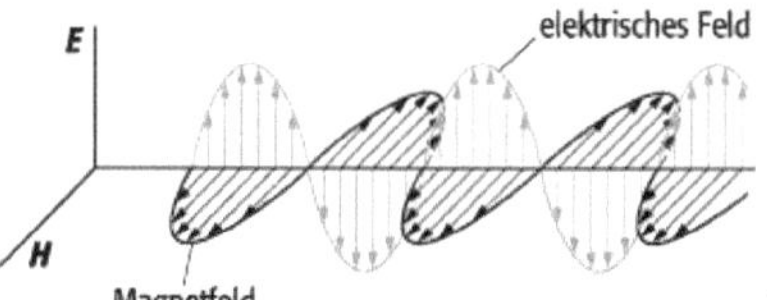

(Abb. 1: Elektromagnetische Welle)

Weil sie sich gegenseitig mit ihrer Energie aufrechterhalten, können sie sich von der Stromleitung lösen und im freien Raum auftreten. Dort bewegen sie sich mit Lichtgeschwindigkeit fort, sind also praktisch überall (vgl. Müller, 2000, S.12).

Die elektromagnetischen Felder lassen sich durch ihre Amplitude, ihre Wellenlänge sowie Frequenz beschreiben. Diese Beschreibung und die Unterscheidung der Feldart sind entscheidend für die Auswirkungen und die nötigen Maßnahmen.

Die Wellenlängen der verwendeten elektromagnetischen Wellen betragen von 1 mm beim Radar bis zu 100 km bei Funk über große Entfernungen. Die Frequenzen sind dementsprechend von 3000 GHz bis zu 3 kHz (Ernst Leitner, 2011).[1]

Für die negativen Auswirkungen der Funktechnik ist vor allem die Stärke des erzeugten elektrischen Feldes entscheidend. Sie ist von der verwendeten Strahlungsleistung P_S und dem Abstand d zum Erzeuger des Feldes, abhängig. Aus $E = \sqrt{[(z_0 * P_s) / (4\pi * d^2)]}$ (vgl. Material 2, S.6) folgt: Der Abstand spielt eine größere Rolle für die Feldstärke als die Strahlungsleistung. Hinzu kommt, dass Objekte, die sich in Ausbreitungsrichtung befinden, die elektromagnetischen Felder ganz oder teilweise absorbieren oder reflektieren können. Diese Eigenschaft wird z.B. bei der Abschirmung (siehe 3.4.2) genutzt

(vgl. Bundesamt für Strahlenschutz, Meike Sobolewski, 2011).

3. Elektromagnetische Verträglichkeit

3.1 Elektromagnetische Verträglichkeit und Störung

Die elektromagnetische Verträglichkeit umfasst alle durch elektrische, magnetische oder elektromagnetische Felder und Vorgänge verursachten Phänomene, die die Funktion bei elektrischen oder elektronischen Betriebsmitteln beeinträchtigen. Sie betrifft sowohl Verursacher als auch Geschädigte (vgl. Horstkotte, 2011).

Damit Geräte richtig funktionieren und andere funktionieren lassen, müssen sie die nötige elektromagnetische Verträglichkeit (EMV) erfüllen. Die elektromagnetische Verträglichkeit ist in der EMV-Richtlinie 2004/108/EG (siehe Material 12), folgendermaßen definiert:

„EMV steht für Elektromagnetische Verträglichkeit, die Fähigkeit eines Apparates, einer Anlage oder eines Systems, in der elektromagnetischen Umwelt zufriedenstellend zu arbeiten, ohne dabei selbst elektromagnetische Störungen zu verursachen, die für die in dieser Umwelt vorhandenen Apparate, Anlagen oder Systeme unannehmbar wären." (Horstkotte, 2011)

Die elektromagnetische Störung ist ebenfalls von großer Bedeutung.[2]

„**Elektromagnetische Störung**: jede elektromagnetische Erscheinung, die die Funktion eines Betriebsmittels beeinträchtigen könnte. Eine elektromagnetische Störung kann ein elektromagnetisches Rauschen, ein unerwünschtes Signal oder eine Veränderung des Ausbreitungsmediums selbst sein." (Generaldirektion für Kommunikation der Europäischen Kommission, 2011)

3.2 Unterscheidungen in der EMV

Die Kenntnis über die Störungen und deren Unterscheidung ist wichtig für die Gewährleistung der EMV, insbesondere für die Entstörmaßnahmen.

Um zu entscheiden, welche Maßnahme ergriffen werden kann und welche am sinnvollsten erscheint, ist es wichtig über die Störquelle, den Übertragungsweg, die Auswirkungen und die Beschaffenheit des Störsignals (siehe unten) Bescheid zu wissen.

Einige Unterscheidungen werden in dieser Facharbeit vorweg behandelt um ein besseres Verstehen zu ermöglichen.

Beim Übertragungsweg kann zwischen Einströmung und Einstrahlung (siehe 3.2.1) und zwischen den Kopplungsmechanismen (siehe 3.2.3) unterschieden werden.

Bei der Funktechnik ist auch noch zwischen Störung und störender Beeinflussung zu unterscheiden (siehe 3.2.2).

Informationen über das **Störsignal** werden in den überwiegenden Fällen messtechnisch ermittelt. Besonders wichtig sind dabei folgende Kenngrößen: Amplitude, Signalform, Energiegehalt, Frequenz und zeitliches Auftreten. Diese Größen beeinflussen auch den Übertragungsweg und die Auswirkung der Störung (vgl. WEKA MEDIA GmbH & Co. KG, 2011).

3.2.1 Einstrahlung und Einströmung

Eine Störung gelangt entweder über Einströmung oder Einstrahlung zur Störsenke. Diese Unterscheidung macht für die möglichen Maßnahmen am beeinflussten Gerät einen bedeutenden Unterschied. **Einstrahlung** liegt dann vor, wenn das störende Signal über das ungenügend abgeschirmte Gehäuse direkt in die Elektronik gelangt.

Von **Einströmung** spricht man, wenn die Störung über eine Leitung zum beeinträchtigten Gerät gelangt. So kann z.B. eine Störung in ein ansonsten störfestes Betriebsmittel gelangen, indem sie von einem angeschlossenen Zusatzgerät einfließt (vgl. Moltrecht, Amaterufunk-Lehrgang TECHNIK für das Amateurfunkzeugnis Klasse E, 2006, S.158).

3.2.2 EMV in der Funktechnik - Störung und Störende Beeinflussung

In der Funktechnik wird mindestens ein Teil der elektromagnetischen Ausstrahlung benötigt. Deshalb wird nochmals näher unterschieden zwischen **Störung** (hierunter fallen unerwünschte Aussendungen, die z.B. durch Nebenausstrahlungen und Oberwellen entstehen) und **störender Beeinflussung** (dazu zählen Probleme, die von dem Feld eines einwandfrei funktionierenden Senders verursacht werden, z.B. Intermodulation und Zustopfeffekte) unterschieden (vgl. Amateurfunk Novice).

Nebenausstrahlungen sind Aussendungen verschiedenster Frequenzen, die bei der Erzeugung der Sendefrequenz gebildet werden. Oberwellen sind Wellen mit einer Vielfachen der eigenen Senderfrequenz.

Störung tritt also im Gegensatz zu störender Beeinflussung auch in anderen Sendefrequenzen als den eigenen auf und ist deswegen für fremden Funkverkehr problematisch. Dort sind mögliche Folgen ein Auftreten von Geräuschen oder eine Veränderung der dort gesendeten Wellen (vgl. Moltrecht, Amaterufunk-Lehrgang TECHNIK für das Amateurfunkzeugnis Klasse E, 2006, S.156, S.157).

3.2.3 Übertragungsmöglichkeiten - Kopplungsarten

Im gängigen Störkopplungsmodell werden das Störung erzeugende Betriebsmittel als **Störquelle**, das beeinflusste Gerät als **Störsenke** und der Weg zwischen Quelle und Senke als **Kopplung** bezeichnet.

Die Kopplungsmechanismen sind ein umfangreiches Gebiet. Um den Rahmen der Arbeit nicht zu überschreiten wird deshalb im Folgenden nur kurz darauf eingegangen. Beispielhaft für eine Kopplung, wird hier die induktive Kopplung etwas ausführlicher erklärt, bevor die wichtigsten anderen Mechanismen kurz aufgelistet werden. Grundlegend für die induktive Kopplung ist die Wechselwirkung zwischen einem Magnetfeld und einem im Magnetfeld befindlichen Stromkreis. Die Störquelle ist hier Erzeuger eines Magnetfelds, das in einem fremden Stromkreis Spannung induziert. Der durch die Spannung erzeugte Störstrom ist nach der Lenzschen Regel so gerichtet, dass er versucht der Ursache entgegen zu wirken. Gelangt der Störstrom jetzt zur Störsenke, kann er deren Funktion beeinträchtigen. Die unterschiedlichen Quellen und Senken sind für bestimmte Kopplungsmechanismen auch unterschiedlich günstig. Im Beispiel sind Quellen mit starken Magnetfeldern am wirkungsvollsten. Am anfälligsten für Magnetfelder sind Spulen. Deshalb wirkt bei Geräten mit windungsreichen Spulen induktive Kopplung am stärksten. Spezielle Gegenmaßnahmen sind hier z.B. eine magnetische Abschirmung durch Mu-Metall oder ein Vermeiden von Parallelführung (vgl. Spectral Electronic GmbH, 2011; Rooijen, 2011).

Weitere Kopplungsmechanismen sind:

Die Galvanische Kopplung, auch Impedanz Kopplung genannt. Sie entsteht an gemeinsamen Impedanzen der Stromkreise von Quelle und Senke.

Die Kapazitive Kopplung, auch elektrische Kopplung genannt. Sie bezeichnet die Einwirkung durch ein elektrisches Feld auf die Senke.

Die Wellenleiterkopplung findet zwischen langen Leitern statt. Sie entsteht durch elektrische und magnetische Beeinflussung.

Die Strahlungskopplung bezeichnet die Beeinflussung durch ein elektromagnetisches Feld. Sie ist im Gegensatz zu den anderen Mechanismen auch über größere Entfernungen möglich.

Es ist wichtig die Kopplungsart zu kennen, um eine Maßnahme einzuleiten die über eine Verhinderung der Kopplung wirkt. Störungen können auch über mehrere Kopplungen hintereinander oder durch eine Kombination von Kopplungen zur Störsenke gelangen (vgl. Spectral Electronic GmbH, 2011; Rooijen, 2011; WEKA MEDIA GmbH & Co. KG, 2011).

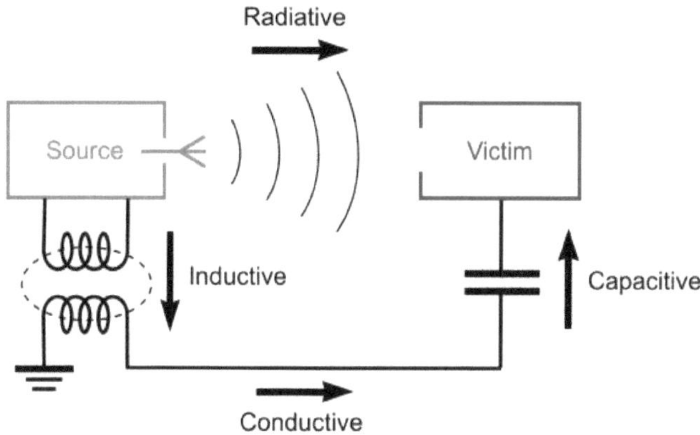

(Abb. 2: Unterschiedliche Kopplungen)

3.3 Elektromagnetische Störung

3.3.1 Auswirkungen

Technische Störungen können theoretisch von allen elektrischen Geräten verursacht werden. Jedoch sind die Aussendungen meist viel zu gering und die wenigsten Geräte, die nicht eine Empfängerfunktion haben, reagieren auf sie. Die bekanntesten Probleme, die durch elektromagnetische Störungen verursacht werden sind deshalb Funkstörungen (siehe 2.1), die am Empfänger auftreten. Dort besteht große Störanfälligkeit (siehe 3.3.3). Vor allem die Beeinflussungen des Funkverkehrs, mit Störungen in Bild oder Ton als Folge, sind weit verbreitet. Die Störung von Geräten kann zwar absichtlich herbeigeführt werden, beispielsweise in der elektronischen Kampfführung oder zur Funkunterdrückung, ist aber meist unbeabsichtigt.

Das Prinzip der Beeinflussung ist folgendes: Trifft eine elektromagnetische Störung auf ein anderes Medium, so versucht sie dort, das Phänomen zu erzeugen, durch das sie selbst erzeugt wurde.Beispiel: Eine Stromänderung in einem Leiter führt zu einem elektromagnetischen Feld. Gelangt dieses Feld in einen anderen Leiter, verursacht es dort ebenfalls eine Stromänderung. Die elektromagnetischen Wellen erzeugen oder verändern also Spannungen bzw. Ströme in den betroffenen Geräten.

Das muss keine Auswirkungen haben, führt im schlimmsten Fall aber zum Ausfall der Elektronik oder zu folgenschweren Funktionsstörungen. Am problematischsten kann das bei Fahrzeugen, Kommunikationsfunk und medizinischen Geräten sein.

3.3.2 Situation der EMV

Parallel zum Anstieg der verwendeten elektrischen Geräte kommt es auch zu mehr Aussendungen und potentiellen Schwachstellen.

Die Elektronik wird auch immer vielfältiger und findet Einzug in viele neue Bereiche. Es werden z.B. zunehmend steuerungstechnische Aufgaben durch Elektronik und Computer übernommen. Diese arbeiten außerdem, wie Geräte in vielen anderen Bereichen auch, mit immer kleineren Signalspannungen und damit einhergehend immer empfindlicheren Bauelementen. Dadurch wird ihre Störanfälligkeit größer.

Auch wirkt sich Störung bei vielen Geräten stärker aus. Zu nennen ist hier der Unterschied zwischen Analog und Digital. Während bei analog arbeitenden Geräten die Störung meist nur prozentual wirkt, kann sie bei digitalen Geräten bei minimaler Einwirkung das ganze Gerät nutzlos machen. Das ist z.B. bei digitaler Informationsverarbeitung der Fall, wo ein falsches Schalten das Ergebnis komplett verändern kann (vgl. Reiß, 1970, S.191). All das führt dazu, dass die EMV mit fortschreitender Modernisierung immer wichtiger wird.

3.3.3 Gefährdete Geräte

Das Gebiet der EMV ist sehr breit gefächert und die Phänomene können auf sehr vielfältige Weise entstehen (siehe 3.2). Bei einigen Geräten ist die EMV besonders wichtig, da sie besonders störempfindlich oder die Auswirkungen bei ihnen besonders gravierend sind. Im Folgenden werden einige Beispiele mit der dazugehörigen Art der Auswirkung aufgeführt:

Medizinische Geräte: Diese sind oft mit sehr genau arbeitender, empfindlicher Technik ausgestattet. Sie sind mit Aufgaben von Empfang und Messungen (Labor, Röntgen, Kernspin) betraut oder erfüllen auf Intensivstationen oder als Herzschrittmacher lebenswichtige Funktionen. Sie vereinen also mehrere Punkte, die sie für die EMV wichtig machen.

Verkehr v.a. Flugverkehr: Dort findet man empfindliche Bordelektronik, die wegen ihrer Steuerungsfunktion nicht ausfallen sollte. Auch die meist wichtige Funknavigation macht diesen Bereich bedeutend.

Besondere Anforderungen werden oft auch an militärisch verwendete Technik gestellt. Dort kommt es zum einen zu bewusster Störung und zum anderen zu großen Feldstärken.

Zu nennen sind auch Speichermedien, wissenschaftlich und industriell automatisierte Abläufe und Messungen. Aufgrund der digitalen Informationsverarbeitung und der hohen Genauigkeit von Sensoren und Robotern können diese selbst durch leichte Störungen funktionsunfähig gemacht werden.

Video und Audiogeräte, Sensoren, Scanner, sowie andere Geräte mit der Aufgabe Informationen anzuzeigen, haben immer auch die Beschaffenheit um Störungen wiederzugeben oder können leicht in ihrer Aufgabe gestört werden. Dann flackert oder flimmert z.B. das Bild oder es schlagen Messinstrumente falsch aus. Bei Audiogeräten bietet sich die Möglichkeit der Veränderung oder des Ausbleibens der gewünschten Töne. Häufig kommt es zur Wiedergabe der Störungen in Form von Brummen, Klopfen oder Rauschen. Bei Beeinflussung durch Funkverkehr kann es auch zum Empfang des anderen Funks kommen.

Außer den bereits genannten können auch viele andere Geräte gestört werden, z.B. Heizungen, Lampen, Fotoapparate oder Photovoltaikanlagen(vgl. Material 3, S.2).

3.3.4 EMV in der Funktechnik

Telefon und Nachrichtentechnik, sowie die ganze Funktechnik bis hin zum Radar bilden die bedeutendste Gruppe für Aussendungen und den Empfang von Störungen, im Sinne der EMV. Neben dem Senden sind diese Geräte meist auch noch für das Empfangen und Wiedergeben eingerichtet. Aber schon allein für das Senden sind die entscheidenden Bauteile, wie z.B. eine Antenne, die empfindlich auf Störungen reagieren, vorhanden(siehe 2.). Die elektromagnetische Welle gelangt über Antenne und anschließende Leitungen leicht in die Elektronik. Diese ist ja speziell für die Leitung von Signalen ausgelegt. Es kommt dann entweder zu fehlerhaften Wiedergaben oder zu Funktionsstörungen, durch die unerwünschte Spannung. Wenn die Geräte Funktionen zur Weitergabe von Signalen erfüllen, kann es zur Weiterverbreitung oder Verstärkung von Störungen kommen.

Ein wichtiger Unterschied zwischen Funktechnik und den meisten anderen Erzeugern von elektrischen, magnetischen oder elektromagnetischen Feldern ist der, dass bei der Funktechnik das Erzeugen der Felder zum Funktionieren notwendig ist. Deshalb sind auch andere Herangehensweisen bei der Vermeidung von Störung erforderlich, denn die Funktion muss ja erhalten bleiben.

3.3.5 Andere Störverursacher

Wie bereits erwähnt, erzeugt jede Spannung ein elektrisches Feld und jede Stromfluss ein Magnetfeld (siehe 2.2).

Deshalb ist generell überall ein Störnebel aus verschiedensten Feldern, mit verschiedenen Frequenzen und Stärken vorhanden, der von den vielen elektrischen Geräten erzeugt wird. Dieser ist in Industriegebieten am stärksten und in wenig besiedelten Gebieten am schwächsten. Je nach Störsenke benötigt es für wirkliche Probleme eine gewisse Feldstärke.

Der Vollständigkeit halber sei noch erwähnt, dass Störungen auch vom Gerät selbst oder von natürlichen Ursachen wie einem Gewitter ausgehen können (WEKA MEDIA GmbH & Co. KG, 2011).

Die Funktechnik, mit ihren verschiedenen Hochfrequenzen, ist für viele Störungen verantwortlich, aber es gibt auch viele andere Störverursacher. Diese wirken zum Teil auch im Niederfrequenzbereich und sind oft bedeutender für die EMV als die Funktechnik. Einige Wichtige werden hier genannt:

- Anlagen mit starkem Stromfluss bzw. Spannungen, z.B. Umspannwerke, Kraftwerke oder sonstige Hoch- und Überspannungstechnik
- Lautsprecher und elektrische Heizungen, sowie andere Geräte die starke Magnetfelder erzeugen
- elektrische Geräte mit Kollektoren, Schleifringen, Frequenzumrichter oder unterbrechungsfreie Stromversorgung
- Maschinen, die schnelle Schaltvorgänge durchführen, z.B. in der Digitaltechnik
- Elektromotoren
- Vorgänge wie das Schweißen, bei denen bläulich-weiße Funken erzeugt werden; diese sind Zeichen für Felder

- Geräte im klinischen Bereich
- elektrisch fahrende Züge und Straßenbahnen
- Leuchtstofflampen

(Vgl. Material 3, S.2; Material 4; WEKA MEDIA GmbH & Co. KG, 2011)

3.4 Maßnahmen

3.4.1 Ansätze der Entstörung

Die Hauptaufgabe im Bereich der EMV ist das Gewährleisten der Funktion unterschiedlicher Geräte durch Vermeidung von gegenseitiger Störung. Je mehr elektrische Geräte im Umlauf sind, desto größer werden die Anforderungen an jedes einzelne Gerät, um selbst zu funktionieren und andere Geräte nicht einzuschränken. Um Störungen zu vermeiden gibt es generell drei Ansätze.

An der **Störquelle** wird versucht, die problemverursachenden Aussendungen zu reduzieren. Am **Kopplungsweg** (siehe 3.2.3) wird die Störung daran gehindert zur Senke zu gelangen. An der **Störsenke** wird versucht die empfangene Störung unschädlich zu machen (vgl. WEKA MEDIA GmbH & Co. KG, 2011; Rooijen, 2011).

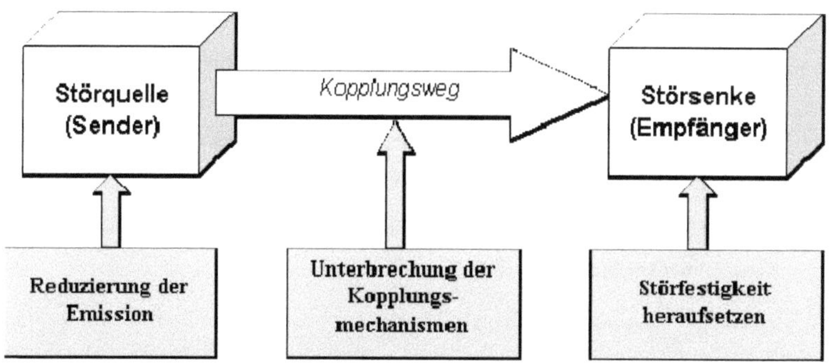

(Abb. 3: Beeinflussungsmodell und Maßnahmen)

Generell sind der Abstand zur Quelle und die Stärke der Störaussendung, die direkt mit der verwendeten Leistung zusammenhängt, wichtig für das Ausmaß der Störung. Die Leistung zu reduzieren, was z.B. durch effektivere Sendemethoden möglich ist oder den Abstand zu vergrößern, wäre meist die einfachste Lösung. Abstand und Leistung sind aber oft auch die Faktoren, die nicht verändert werden können, weil die Geräte z.B. in einer Fabrik auf nächster Nähe arbeiten müssen. Dafür gibt es meist eine Auswahl von anderen Maßnahmen, die angewendet werden können. Für die Bestimmung der besten Maßnahme ist eine Kenntnis über die Störung mit den bereits erklärten Unterscheidungen notwendig. Dazu können Messungen an der Senke oder in der Umgebung durchgeführt werden um die Störung näher zu bestimmen. Es ist möglich probeweise Abschirmungen vorzunehmen oder Kabel abzutrennen. Des Weiteren kann es ratsam sein mögliche Störquellen probeweise abzuschalten.

Besteht der Verdacht einer Beeinflussung durch Geräte Dritter, ist es ratsam mit diesen Kontakt aufzunehmen oder die Bundesnetzagentur, die für die Einhaltung der EMV-Grenzwerte zuständig ist, zu kontaktieren[6].

3.4.2 Technische Maßnahmen gegen Störung

Die Eingriffe, die zur Entstörung vorgenommen werden können, sind vielfältig und unterschiedlich aufwendig. Die gängigsten Methoden werden im Folgenden aufgeführt und je nach Wichtigkeit auch erklärt.

Filter werden eingesetzt um Störungen aus Leitungen zu entfernen. Sie bestehen aus unterschiedlichen Bauteilen in unterschiedlicher Reihenfolge und sind oft die bequemste Lösung.

Einströmungen lassen sich relativ einfach durch den Einbau von geeigneten Filtern vor die Senke verhindern. Hierbei empfiehlt es sich die Entstörung möglichst nahe an der Senke vorzunehmen, um nicht mehrere Filter benutzen zu müssen. Die Entscheidung ob Tiefpass-, Hochpass- oder andere Filtereingesetzt werden, richtet sich z.B. nach dem Wellenbereich der Störung. Ein Tiefpassfilter aus Widerstand und Kondensator, der hohe Frequenzen abschwächt und tiefe durchlässt, wird z.B. zur Rauschunterdrückung eingesetzt.

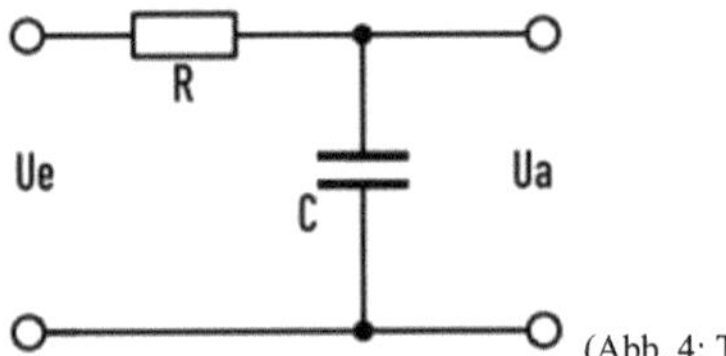

(Abb. 4: Tiefpassfilter)

Tiefpassfilter können auch am Senderausgang verwendet werden, um Oberwellen und Nebenwellenausstrahlungen zu beseitigen. In der Funktechnik werden Filter aus Spule und Kondensatoren verwendet, um in Reihe geschaltet, eine bestimmte Störfrequenz abzuleiten oder parallel geschaltet, nur eine bestimmte Frequenzspanne zu empfangen.

Diese Art der Filterung wird durch die Eigenschaft des Schwingkreises ermöglicht. Filter sind oft kompliziert und unterschiedlich im Aufbau und der Verwendung. Andere Filteruntertypen oder Filterkombinationen können für kompliziertere Entstörung notwendig sein

(vgl. Moltrecht, Amaterufunk-Lehrgang TECHNIK für das Amateurfunkzeugnis Klasse A, 2007, S.55f).

Verdrillung ist das Verwinden von Drähten. Es reduziert die durch ein Magnetfeld induzierte Spannung (vgl. Eckart, a.a.O., S. 278f.).

Funktionserdung ist der Begriff für Erdung zur Erreichung eines EMV- gerechten Betriebs. Dafür ist aber ein Eingriff in die Elektronik nötig. Sie wird verwendet, um Störströme abzuleiten, z.B. bei Übersteuerung.

Bei der **Schirmung** werden hochfrequenzdichte Metalle verwendet, um Felder am Eindringen in Geräte oder am Ausbreiten von der Stromquelle zu hindern. Einstrahlungen lassen sich oft nur durch Abschirmung des Gehäuses oder der entsprechenden Baugruppe verhindern (ebd.).

Massung: Häufig lassen sich Störungen durch eine geeignete Massegebung verhindern. Wirksam sind je nach Störsituation entweder das Unterbrechen oder das Zusammenschließen elektrischer Massen, etwa zur Vermeidung von Galvanischen oder Impedanz Kopplungen.

Weitere Möglichkeiten gegen Störung sind der Einsatz von **Koaxialkabeln** oder **TP-Kabeln** zur Dämpfung und das Vermeiden von bestimmten parallelen Leiterführungen. Andere speziellere Methoden sind z.B. die die **Verwendung symmetrischer Signale** oder die **Fehlererkennung und Ausblendung** über Computer.

Die unterschiedliche Verwendung der Maßnahmen sieht in der Praxis beispielsweise so aus: Zur Entstörung von Störquellen mit Kollektormotoren werden Kondensatoren, Drosselspulen und Widerstände verwendet. Kondensatoren stellen dabei hochfrequenzmäßig einen Kurzschluss dar und können so z.B. Stromspannungen zur Erde ableiten. Drosselspulen verhindern eine Ausbreitung der Störung auf das Stromnetz und umgekehrt (vgl. Vollmer & Co , 1984, S.196-198).

Bei der Beseitigung von Störungen, die den Funkbetrieb beeinträchtigen, spricht man von **Funkentstörung**. In der Funktechnik gibt es besondere Ansprüche an die EMV.

Die Funkenstörung hat eine spezielle Klassifizierung der Funkstörungen nach Bandbreite und zeitlichem Ausmaß und die Unterscheidung zwischen Störung und störender Beeinflussung (siehe 3.2.2).

Wichtig bei der Funktechnik ist es Bandgrenzen genau einzuhalten. Dazu sollte die Störende Beeinflussung verhindert werden z.B. indem Oberwellen gedämpft werden. Für diese Art von Aufgaben verwendet man oft Filter. Störungen durch Funk lassen sich häufig durch die Auswahl der Modulationsart und der Betriebsart erheblich vermindern (vgl. Vollmer & Co , 1984, S.196-198; WEKA MEDIA GmbH & Co. KG, 2011; Bibliographisches Institut AG, 1981, S.301).

3.4.3 Beispiel für eine Störung, deren Unterscheidungen und Maßnahmen

In diesem Kapitel wird ein Beispiel für Störung durch Funk in der Nachbarschaft mit den dazugehörigen Unterscheidungen und möglichen Maßnahmen betrachtet. Die Ausgangssituation ist folgende: Sobald ein Hobbyfunker seine Sendeanlage betreibt, erzeugt der Lautsprecher der Stereoanlage seines Nachbarn unerwünschte Geräusche. Diese entstehen durch von der NF-Endstufe der Stereoanlage gleichgerichtete starke HF-Signale. In Form von Oberwellen werden diese Signale aufgrund der Nichlinearität der Sendeanlage erzeugt. Es handelt sich also um Störung und nicht um störende Beeinflussung (siehe 3.2.2). Über Strahlungskopplung (siehe 3.2.3) gelangt die Störung in die Technik der Stereoanlage. Da die Aussendungen nicht direkt in die Boxen einstrahlen, sondern über die Kabel hineingelangen, liegt Einströmung vor.

Mögliche Maßnahmen am Sender wären das Einsetzen eines Tiefpassfilters (siehe 3.4.2) um gegen die Oberwellen vorzugehen. Auch ein Reduzieren der Sendeleistung oder ein größerer Abstand würde die Oberwellen abschwächen und das Problem verringern. Möchte man die Entstörung an der Stereoanlage vornehmen, bietet es sich an einen Tiefpassfilter vor dem Lautsprecher einzusetzen. Hierbei muss man beachten, dass die Funktion des Lautsprechers nicht eingeschränkt wird. Es wäre auch möglich durch Abschirmung zu verhindern, dass die Störung in die Stereoanlage gelangt (vgl. Moltrecht, Amaterufunk-Lehrgang TECHNIK für das Amateurfunkzeugnis Klasse E, 2006, S.156ff.).

3.4.4 Gesetzliche Regelungen

Für die Probleme der EMV gibt es gesetzliche Anordnungen. Regelungen die die **Aussendungen** betreffen sind u.a. die Amateurfunkverordnung (AFuV) und Gesetze für den Rundfunk. Diese gewährleisten vor allem den parallelen Betrieb der Datenübermittlung.

Hierfür wurden Nebenaussendungen begrenzt und Regelungen für die Frequenzvergabe und Störfälle getroffen (vgl. Moltrecht, a.a.O., S.156f.).

Während sich Firmen mit speziellen Anforderungen an die EMV selbst helfen müssen, gibt es allgemeine gesetzliche Regelungen um die Funktion von normal gebräuchlicher Technik zu gewährleisten. Die zulässige Störaussendung wird innerhalb der EU durch die Schutzanforderungen der EMV-Richtlinie, die auf entsprechende Normen verweist, geregelt. Diese Normen enthalten die Grenzwerte für bestimmte Frequenzbereiche und Gerätekategorien (vgl. Material 8). So liegt z.B. der Herzschrittmachergrenzwert gemäß DIN VDE 0848 bei Amplitudenmodulation, einer Frequenz von über 16,9 MHZ und einem Abstand von 20 m bei 17,02 V/m.

Gesetzlich wird auch eine **Mindest-Störfestigkeit** von Geräten gefordert. Diese muss mindestens für eine problemlose Nutzung in normaler Umgebung ausreichen (siehe Material 8, EMVG Abs.1 §4 I).

Medizinische Geräte müssen beispielsweise eine Störfestigkeit aufweisen, die ein Vielfaches der Aussendungen eines Mobiltelefons beträgt. Dennoch ist es in manchen Krankenhäusern nicht erlaub Handys zu benutzten. Untersuchungen ergaben aber, dass Verbote auf Intensivstationen genügen würden und z.T. sogar dort überflüssig sind.

Das **Mobiltelefon** war lange Zeit im Flugzeug komplett verboten. Diese Verbote wurden teilweise wieder aufgehoben, nachdem die Störfestigkeit der Bordelektronik verbessert wurde.

Ein Schritt, um elektromagnetische Probleme zu vermeiden, ist die Verwendung von **Sicherheitskennzeichnungen**. Die Verwendung und das Aussehen dieser Schilder sind in VDE DIN 4844 Teil II festgelegt. Für Mobilfunk wurde folgendes Schild eingeführt.

(Abb. 5:Warnschilder)

Des Weiteren gibt es Schilder als Zutrittsverbot für Personen mit Herzschrittmacher

oder Implantaten aus Metall 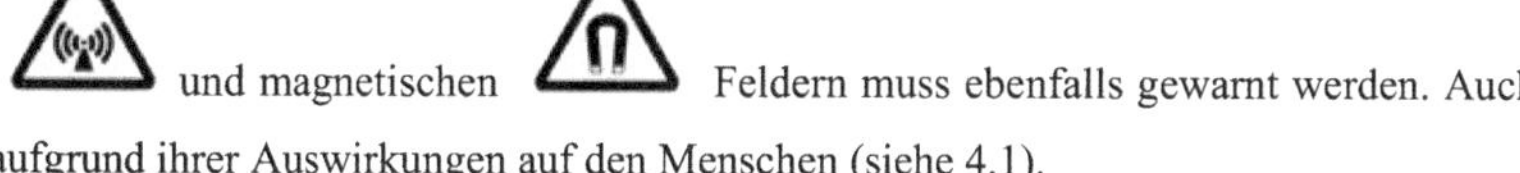. Vor starken elektromagnetischen

und magnetischen Feldern muss ebenfalls gewarnt werden. Auch aufgrund ihrer Auswirkungen auf den Menschen (siehe 4.1).

3.4.5 Berechnung des Mindestabstandes zu einer Yagi-Antenne

Anhand eines Beispiels wird im Folgenden das Ausrechnen des Abstandes erklärt, den die Sendeanlage zu öffentlich zugänglichen Bereichen haben muss, um den gesetzlichen Grenzwert zum Personenschutz für elektrische Felder nicht zu überschreiten (siehe 4.2). Für unser Beispiel verwenden wir eine Yagi-Antenne, die mit 50 MHz betrieben wird, mit einer Ausgangsleistung der Sendestation von $P_{station}$ = 100,0 W und einem Antennengewinn g_d von 5,85 dBd gegenüber einem Halbwellendipol. Die Kabeldämpfung des 5 m langen Koaxialkabels mit a_0 = 7,9 dB / 100 m beträgt a_0 * 5 m = a_{Kabel} = 0,395 dB. Diese Werte werden verwendet um die Strahlungsleistung der Antenne P_{EIRP} (Equivalent Isotropic Radiated Power) zu berechnen. $P_{Antenneneingang}$ = $P_{Station}$ $*10^{-0.395\ db\ /\ 10}$ = 91,3 W. Antennengewinn gegenüber einem Isotropen Kugelstrahler g_i = g_d + 2,15dB = 8 dBi. Leistungsverstärungsfaktor G_i = $10^{g_i\ /\ 10}$ = 7,94. P_{EIRP} = $P_{Antenne}$ * G_i = 724,9 W.

Die Formeln der Strahlungsdichte $S = \frac{E^2}{z_0}$ und $S = \frac{P_{EIRP}}{4\pi * r^2}$ lassen sich gleichsetzen und nach dem Radius r auflösen. Hier sind z_0 der Wellenwiderstand des freien Raumes z_0 = 120 * π * Ω = 377 Ω. E steht für die Stärke des elektrischen Feldes und r für den Abstand zur Antenne. Für E wird im Beispiel der Grenzwert E = 27,5 V/m nach 26. BImSchV verwendet. Er gilt für die Frequenzen von 10 - 400 MHz.

Für den Abstand ergibt sich also $r = \sqrt[2]{\frac{z_0}{E^2}} * \sqrt[2]{\frac{P_{EIRP}}{4\pi}} = \sqrt[2]{\frac{377\ \Omega}{(27,5\ V/m)^2}} * \sqrt[2]{\frac{724,9\ W}{4\pi}} = 5,3$ m

Faktoren, die die Auswirkungen der Sendeanlage durch ihr elektrisches Feld bestimmen sind also die Kabeldämpfung, der Antennengewinn, die Frequenz, der Abstand zur Antenne und die Leistung der Station. Weiterhin ist zu beachten: Die Yagi-Antenne sendet konzentriert in eine Richtung. Der Abstand muss also nur in dieser Richtung gehalten werden. Außerdem kann Material in Senderichtung die Stärke des Feldes beeinflussen (vgl. Material 2; Moltrecht, Amateurufunk-Lehrgang TECHNIK für das Amateurfunkzeugnis Klasse E, 2006, S.162).[3]

4. Elektromagnetische Umweltverträglichkeit

4.1 Einfluss von Elektrosmog auf den Menschen

Das Teilgebiet der EMUV befasst sich mit den Auswirkungen auf die biologische Umwelt und lebende Organismen. Mit der Entdeckung der elektromagnetischen Felder kam auch der Zweifel von Biologen, Medizinern und besorgten Bürgern auf. Er wird oft unter dem Schlagwort Elektrosmog zum Ausdruck gebracht.

Elektrosmog ist kein wissenschaftlicher Begriff, er wird meist für die Gesamtheit der Felder des elektromagnetischen Spektrums benutzt, wenn man über ihre biologischen Auswirkungen spricht.

Forschungen rund um den Elektrosmog ergaben: Die Einwirkungen auf den Menschen finden unterschiedlich statt; entweder niederfrequent über ein elektrisches oder magnetisches oder hochfrequent über ein elektromagnetisches Feld. Sie können sowohl thermisch als auch athermisch sein. Für die Auswirkungen entscheidend sind die Länge des Aufenthalts, der Abstand sowie Art und Stärke der Felder.

Uneinigkeit über das Ausmaß der Folgen durch Elektrosmog besteht schon seit Beginn der Forschungen.

Um den Rahmen dieser Arbeit nicht zu sprengen werden nur kurz mögliche z.T. umstrittene Effekte und Auswirkungen aufgezählt[4]:

Die **Effekte** sind unter anderem Folgende:

- erhöhte Oberflächenspannung

- Erwärmung von Gewebe

- Beeinflussung von Zellen, Gehirn und Nerven durch elektrische Signale

- Veränderung des Hormonhaushalts, insbesondere Melatonin

- Beeinflussung von Blut, Kreislauf, Immunsystem und Stoffwechsel

Mögliche **Folgen** dieser Effekte sind:

- Müdigkeit und Erschöpfung, Depressionen,

- Stress, Angespanntheit, Schlafstörungen

- Lern-, Konzentrations- und andere psychische Störungen

- Erhöhte Risiken für Leukämie, Impotenz, Tumore und Augenleiden

(vgl. Müller; Material: 9; Material 10; Material 3)

Viele dieser Auswirkungen sind extreme Langzeitfolgen, die sowohl nachgewiesen, als auch widerlegt wurden. Die Meinungen bei diesem Thema gehen zu stark auseinander, um sichere Aussagen zu liefern. Die Gegner des Elektrosmogs verweisen auf ihre Studien und fordern höhere Grenzwerte. Andere bezeichnen das Thema als harmlos.

Zu bedenken ist hier auch, dass die Wirtschaft kein Interesse an Beweisen für die Schädlichkeit von z.B. Handystrahlung hat.

Die "Internationale Agentur für Krebsforschung" (IARC) der Weltgesundheitsorganisation (WHO) hat hochfrequente, elektromagnetische Strahlung im Radiofrequenzbereich am 31.5.2011 als möglicherweise für Menschen karzinogen, also krebserregend, (2 B) klassifiziert (vgl. Material 11).

Genauso wie die Meinungen gehen auch die empfohlenen **Grenzwerte** stark auseinander. So liegen die Werte der DIN/VDE-Norm 0848 (1989) für 50-Herz-Felder bei 20000 V/m und 5000 µT. Die baubiologischen Empfehlungen für den Schlafbereich sind 1 V/m und 20 nT (vgl. Meixner, 2011). Institutionen wie das Bundesamt für Strahlenschutz, die WHO, die „International Commission on Non-Ionising Radiation Protection" (ICNIRP) und andere geben verschiedene Grenzwerte aus und empfehlen die Belastung im eigenen Interesse gering zu halten. Es gibt hier, wie bei der Störung von Geräten, Maßnahmen, die darauf abzielen, die Belastung im Wohn- und Arbeitsumfeld zu reduzieren. Es empfehlen sich z.B. das Abschalten von Geräten, das Anschaffen von Geräten mit schwachen Feldern oder das Abschirmen (vgl. Müller, 2000).[4]

4.2 Personenschutz in der Funktechnik

Wichtig für die Funktechnik, die nur einen Teil des Bereichs der Elektrosmogproblematik ausmacht, ist die Einhaltung der gesetzlichen Grenzwerte. Neben dem verpflichtenden Schutz für Andere, sollten Funker aber auch auf die eigene Strahlenbelastung achten. Diese ist wegen der oft starken Sendeleistungen und dem längeren Aufenthalt in geringem Abstand für den Betreiber am problematischsten. In Deutschland gelten auf für die Öffentlichkeit zugänglichem Gelände, auch bekannt als Expositionsbereich 2[5], nach der Verordnung für elektrische Felder nach 26. BlmSchV, folgende Grenzwerte für Felder von Hochfrequenzanlagen. Ein Beispiel für die Berechnung des nötigen Abstandes findet sich in 3.4.5.[3] (Abb. 6: Grenzwerttabelle)

Frequenz f [MHz]	Elektrische Feldstärke [V/m]	Magnetische Feldstärke [A/m]	Mittlere Leistungsflussdichte [W/m²]
10 - 400	27,5	0,073	2
400 - 2000	1,375 * $\sqrt{f}$	0,0037 * $\sqrt{f}$	f / 200
2 - 300 GHz	61	0,16	10

Ein häufiges Thema im Zusammenhang mit Elektrosmog sind Mobil- und Rundfunk. Grund dafür sind die oft mit starker Leistung betriebenen Sendemasten und die Nähe des Handys zum Nutzer. Zu empfehlen ist auf jeden Fall die Dauer des Herumtragens und Telefonierens mit dem Handy gering zu halten und auf einen niedrigen SAR-Wert zu achten. Die spezifische Absorptionsrate (SAR) ist eine physikalische Größe und ein Maß für die Absorption von elektromagnetischen Feldern in biologischem Gewebe, welche zu dessen Erwärmung führt. Sie berechnet sich aus der elektrischen Feldstärke, der elektrischen Leitfähigkeit und der Dichte des Gewebes. Zudem ist sie stark von der Frequenz und der Größe des Körpers abhängig. Der SAR-Wert ist proportional zur Temperaturänderung.

Abschließend ist zu sagen, dass bei Einhaltung der Grenzwerte keine direkt erkennbare Gefahr von elektromagnetischen Wellen ausgeht. Viel eher besteht eine Gefährdung wenn die technische EMV vernachlässigt wird[4] (vgl. Material 3, S. 6).

5. Zukunft der EMV

Wie in dieser Facharbeit deutlich wird, ist die EMV mit ihren Auswirkungen ein nicht zu vernachlässigendes Thema. Die Schattenseiten der Technik sind aber durchaus in den Griff zu bekommen und solange die Grenzwerte eingehalten werden auch nicht allzu gefährlich. Die Verhinderung von Störung ist ein wichtiges Gebiet in vielen technischen Bereichen.

Die EMV spielt in immer mehr technischen Berufen eine Rolle und die Verwendung von technischen Geräten wächst weltweit. Die Bedeutung der EMV wird sich auch in Zukunft weiter erhöhen. Neue Erfindungen werden weitere Verbesserungen aber auch Herausforderungen mit sich bringen. Auch die Kenntnisse über die biologischen Auswirkungen von Elektrosmog müssen noch erweitert werden, um Klarheit zu bringen. Weil die Gefahren für viele noch nicht nachvollziehbar sind, und die Einhaltung der Grenzwerte schwer zu überprüfen ist, liegt es oft an der Eigeninitiative der Besitzer, Verantwortung zu zeigen. Das Einhalten der EMV-Gesetze zum Schutz von Arbeitern und Anwohnern sollte dabei das Mindeste sein. Aus Respekt vor Technik und Umwelt sollte die Technik immer auch mit ihren Schattenseiten gesehen werden. Die unsichtbaren Felder der EMV sind dabei nicht zu unterschätzen.[4]

6. Anmerkungen:

1) Das Bundesamt für Strahlenschutz bietet unter http://www.bfs.de/de/elektro/hff/grundlagen.html eine ausführliche Tabelle über die unterschiedlichen Frequenzen
2) Eine Liste von Begriffen und Definitionen aus der VDE 08780 Teil1 sind in Material: 3, S8; Material 4, S.13 Zu finden.
3) Eine Hilfe zum Abstand und seiner Berechnung bietet der DARC e. V. siehe Material 2.
4) Für interessierte Leser ist hier der praktische Ratgeber von Müller: „Wirksamer Schutz vor Elektrosmog" zu empfehlen. Auch das Material 15 mit Linksammlung, Broschüre und einer Facharbeit zum Thema Elektrosmog können sich als wertvoll erweisen.
5) Näheres zum Abstand siehe Material 10.
6) Unter bundesnetzagentur.de zu erreichen.

7. Quellenverzeichnis:

Bücher:

Bibliographisches Institut AG. (1981). *Farbiges Großes Volkslexikon in zwölf Bänden, Vierter Band.* Mannheim: Mohndruck.

Moltrecht, E. (2006[5]). *Amaterufunk-Lehrgang TECHNIK für das Amateurfunkzeugnis Klasse E.* Baden-Baden: Verlag für Technik und Handwerk.

Moltrecht, E. (2007[3]). *Amaterufunk-Lehrgang TECHNIK für das Amateurfunkzeugnis Klasse A.* Baden-Baden: Verlag für Technik und Handwerk.

Müller, B. (2000[4]). *Wirksamer Schutz vor Elektrosmog.* München: Gräfe und Unzer Verlag GmbH.

Vollmer & Co . (1984[15]). *Fachkunde Elektrotechnik.* Wuppertal: Europa-Lehrmittel.

Reiß, K. (1970). *Integrierte Digitalbausteine Kleines Praktikum.* Berlin, München: Siemens Aktiengesselschaft.

Internetquellen:

Bundesamt für Strahlenschutz, Meike Sobolewski. (6. 5. 2011). *Bundesamt für Strahlenschutz.* Von http://www.bfs.de/de/elektro/hff/grundlagen.html abgerufen

Ernst Leitner, U. F. (3. 11. 2011). *Lefiphysik.* Von http://www.leifiphysik.de/web_ph12/umwelt_technik/06spektrum/radiowellen.htm abgerufen

Generaldirektion für Kommunikation der Europäischen Kommission. (17. 11. 2011). *„Zusammenfassungen der Gesetzgebung".* Von http://europa.eu/legislation_summaries/internal_market/single_market_for_goods/technical_harmonisation/l21008a_de.htm abgerufen

Horstkotte, J. (11. 8. 2011). *CE-Texte*. Von http://www.ce-zeichen.de/klassifizierung/emv-richtlinie.html abgerufen

Meixner, C. (4. 11. 2011). *Büro für Elektrobiologie und Baubiologie*. Von http://www.e-scaling.de/grenzwerte-gesetzliche-vorsorgewerte-elektrosmog%20.html abgerufen

Misholi, A. (3. 11. 2011). *Technik Lexikon*. Von http://www.techniklexikon.net/d/elektromagnetische_wellen/elektromagnetische_wellen.htm abgerufen

Rooijen, W. v. (3. 11. 2011). *Einführung in die EMV*. Von http://www.rooijen.de/studium/emv/emv.htm abgerufen

Schnabel, P. (3. 11. 2011). *Elektronik-Kompendium*. Von http://www.elektronik-kompendium.de/sites/kom/0810171.htm abgerufen

Spectral Electronic GmbH. (1. 11. 2011). *Spectral Electronic*. Von http://www.spectral.de/emv/emv7.html abgerufen

WEKA MEDIA GmbH & Co. KG. (2. 11. 2011). *Elektrofachkraft.de*. Von http://www.elektrofachkraft.de/fachwissen/fachartikel/emv-emvu/wie-kommt-man-einer-elektromagnetischen-storung-auf-die-spur-teil-2/ abgerufen

Wölfle, R. D. (30. 10. 2011). *Elektrosmoginfo*. Von http://www.elektrosmoginfo.de/ abgerufen

Lindenmeier, Stefan (1999) „Methoden zur Analyse elektromagnetischer Kopplungen", Habilitationsschrift, TU, München; Abbildung 4. Von http://www.rooijen.de/studium/emv/emv.htm abgerufen

Bildquellen:

Abb. 1: Elektromagnetische Welle, Material 1, Quelle: siehe Misholi, 2011

Abb. 2: Unterschiedliche Kopplungen, Material 5, Quelle: Wikipedia, http://de.wikipedia.org/wiki/Elektromagnetische_Vertr%C3%A4glichkeit, 10. August 2008

Abb. 3: Beeinflussungsmodell und Maßnahmen, Material 6, Quelle: Lindenmeier, 1999, Abbildung 4

Abb. 4: Tiefpassfilter, Material 7, Quelle: Wikipedia, http://de.wikipedia.org/wiki/Tiefpassfilter, 24. Oktober 2011

Abb. 5: Warnschilder, Material 13, Quelle: Skarus, http://peters-ada.de/strahlenschutz.htm#Warnschilder

Abb. 6: Grenzwerttabelle, Selbsterstellt mit Microsoft Office 2010, Material 14, vgl. Wölfle, 2011

Materialquellen:

Material 2: Berechnung des Sicherheitsabstandes, DARC e.V., 01.1998, http://www.darc.de/uploads/media/980100_Sicherheitsabstand_01.pdf

Material 3: EMV-Grundlagenlabour, Achime Enders, http://ebookbrowse.com/emv-grundlagenlabor-v2-5-pdf-d53998976

Material 4: EMV Pocket-Guide, Zentralverband Elektrotechnik und Elektroindustrie e.V., http://www.ifm.com/mounting/7390454DE.pdf

Material 8: EMVG ,Bundesministerium für Justiz und Zusammenarbeit, 29.7.2009,
www.gesetze-im-internet.debundesrechtemvbggesamt.pdf
Material 9: Biologische Wirksamkeit Elektromagnetischer Felder, Institut für Stressfor-
schung, 1997, http://www.bzur.de/Radar/GUS-Studie.pdf
Material 10: Kurzfassung der Studie: Entwicklung eines vereinfachten Verfahrens zur
Bestimmung der Schutzabstände bei Amateurfunkanlagen im Frequenzbereich
von 1,8 MHz bis 250 GHz von Werner Wiesbeck, Regulierungsbehörde für Telekommunikation und Post ,
http://www.bundesnetzagentur.de/DE/DieBundesnetzagentur/AmtsblattPublikati
onen/Amateurfunk/amateurfunk_node.html
Material 11: Press Release N° 208, IARC, 2011, iarc.fr
Material 12: 2004/108/EG, Amtsblatt der Europäischen Union, 31.12.2004, http://eur-
lex.europa.eu/LexUriServ/LexUriServ.do?uri=OJ:L:2004:390:0024:0037:de:PD
F

Der Stand der Bild, Material und Internetquellen entspricht dem Erscheinungsdatum,
bzw. dem Aufrufdatum wenn kein Erscheinungsdatum zu finden war.
Alle Materialquellen waren am 4.11.2011 in der für die Facharbeit verwendeten Form
vorhanden. Die Internetquellen wurden an diesem Datum abgespeichert.
Alle Internet-, Bild- und Materialquellen sind auf der Beiliegenden CD zu finden. Ebenfalls auf der CD: Links, zusätzliches Material (15) und die Facharbeit als Text

8. Nützliche Links:

Institut für Elektromagnetische Verträglichkeit:
loretta.emv.ing.tu-bs.de/institut/index.php?page=17&lang=de

Strahlenschutzkommission:
Ssk.de

Deutscher Amateur-Radio-Club (DARC) e.V.:
darc.de

Fallbeispiele biologischer Auswirkungen von Elektrosmog:
elektrosmog.com/de/fallbeispiele/

International Agency for Research on Cancer (IARC):
iarc.fr/

Seite von Baubiologen:
ohne-elektrosmog-wohnen.de/index.htm

Stellungnahmen und Publikationen des Bundesamts für Strahlenschutz zu hochfrequen-
ten elektromagnetischen Feldern: bfs.de/de/elektro/hff/papiere.html

Verschiedene Elektrosmog-Grenzwerte:
alternativ-gesund.info/Grenzwerte.html